海峡出版发行集团 福建科学技术出版社
THE STRAITS PUBLISHING & DISTRIBUTING GROUP

2020

模型集成 室内设计

公共空间

PUBLIC · SPACE

INTERIOR

DESIGN

MODEL

LIBRARY

叶 斌
叶 猛

著

海峡出版发行集团 福建科学技术出版社
THE STRAITS PUBLISHING & DISTRIBUTING GROUP   FUJIAN SCIENCE & TECHNOLOGY PUBLISHING HOUSE

作者简介 AUTHOR PROFILE

Ye Bin 叶斌

高级建筑师
国广一叶装饰机构首席设计师
福建农林大学兼职教授
南京工业大学建筑系建筑学学士
北京大学 EMBA
中国室内设计学会理事
福建省建筑装饰行业协会会长

国广一叶装饰机构董事合伙人
铂金翰副总设计师
国家一级注册建筑师
国家一级注册建造师
福建工程学院建筑与规划系讲师
中南大学土建学院建筑学硕士

Ye Meng 叶猛

荣 誉

当选 2013~2015 年度福建省最具影响力设计师（排名第一）
荣获 "中国室内设计杰出成就奖"
当选 2009 "金羊奖" 中国十大室内设计师
当选中国建筑装饰行业建国 60 年百名功勋人物
当选 1989~2009 中国杰出室内设计师
当选 1997~2007 中国家装十年最具影响力精英领袖
当选 1989~2004 全国百位优秀室内建筑师
当选 2004 年度中国室内设计师十大封面人物
当选 2002 年福建省室内设计十大影响人物（第一席位）

著 作

1. 《室内设计图典》（1、2、3）
2. 《装饰设计空间艺术·家居装饰》（1、2、3）
3. 《装饰设计空间艺术·公共建筑装饰》
4. 《建筑外观细部图典》
5. 《国广一叶室内设计模型库·家居装饰》（1、2、3）
6. 《国广一叶室内设计模型库·公建装饰》
7. 《国广一叶室内设计》
8. 《国广一叶室内设计模型库构成元素》（1、2）
9. 《室内设计立面构图艺术》系列
10. 《国广一叶室内设计模型库》系列
11. 《家居装饰·平面设计概念集成》
12. 《概念家居》《概念空间》
13. 《2009 室内设计模型》系列（5 册）
14. 《2010 家居空间模型》系列（3 册）
15. 《2010 公共空间模型》系列（2 册）
16. 《2011 家居空间模型》系列（3 册）
17. 《2011 公共空间模型》
18. 《2012 室内设计模型集成》系列（5 册）
19. 《2013 公共空间模型集成》系列（2 册）
20. 《2013 家居空间模型集成》系列（3 册）
21. 《2014 空间模型集成》系列（5 册）
22. 《2015 室内设计模型集成》系列（5 册）
23. 《2015 名师家装新图典》系列（3 册）
24. 《2016 空间模型型库》
25. 《2016 家居模型库》系列（4 册）
26. 《新家居装修与软装设计》系列（4 册）
27. 《2017 公共模型库》
28. 《2017 家居模型库》系列（4 册）
29. 《经典家居设计》系列（4 册）
30. 《2018 年室内设计模型集成》系列（4 册）
31. 《2019 年室内设计模型集成》系列（4 册）
32. 《设计理想的家》系列（4 册）

获奖设计作品

华尔顿 LIHOME	2019 第九届中国国际空间设计大赛（中国建筑装饰设计奖）别墅空间方案类金奖
乐宴	2019 第九届中国国际空间设计大赛（中国建筑装饰设计奖）餐饮空间方案类银奖
余韵	2019 第九届中国国际空间设计大赛（中国建筑装饰设计奖）商品房、样品房空间方案类银奖
山序	2018 亚太空间设计大奖赛地产空间类 一等奖
莆田市荔松家电办公基地装饰工程	2017~2018 年度中国建筑工程装饰奖（公共建筑装饰设计类）
福州启迪之星办公装修工程	2017~2018 年度中国建筑工程装饰奖（公共建筑装饰设计类）
余韵	2018 第十二届中国国际室内设计双年展金奖
無·色	2018 第十二届中国国际室内设计双年展银奖
TIMES	2018 第十二届中国国际室内设计双年展银奖
简·木	2018 第十二届中国国际室内设计双年展银奖
长乐禅修中心	2018 第十二届中国国际室内设计双年展银奖
灵、动	2018 第十二届中国国际室内设计双年展银奖
长乐禅修中心	2016/2017 APDC 亚太室内设计精英邀请赛展览空间方案类大奖
听海	2016/2017 APDC 亚太室内设计精英邀请赛住宅空间工程类大奖
FORUS VISION	2017 年第二十届中国室内设计大奖赛零售商业类 金奖
爱家微运动公社	2017 年第七届中国国际空间设计大赛（中国建筑装饰设计奖）娱乐会所空间方案类 金奖
皇帝洞廊桥主题酒店	2017 年第七届中国国际空间设计大赛（中国建筑装饰设计奖）酒店空间方案类 银奖
长乐电力大楼	2015~2016 年度中国建筑工程装饰奖（公共建筑装饰设计类）
叶禅赋	2016 第十一届中国国际室内设计双年展金奖
FORUS	2016 第十一届中国国际室内设计双年展金奖
Lee House	2016 第十一届中国国际室内设计双年展金奖
静·念	2016 第十一届中国国际室内设计双年展银奖
仕林东湖	2016 第十一届中国国际室内设计双年展银奖
白说	2016 第十一届中国国际室内设计双年展银奖
"一扇窗，漫一室"	2016 第十一届中国国际室内设计双年展银奖
溪山温泉度假酒店（实例）	2014 年第十届中国国际室内设计双年展金奖
正兴养老社区体验中心	2014 年第十届中国国际室内设计双年展银奖
永福设计研发中心	2014 年度全国建筑工程装饰奖（公共建筑装饰类）
宇洋中央金座	2013 年第十六届中国室内设计大奖赛铜奖
福建洲际酒店	2012 年首届亚太全艺术酒店设计大赛金奖
瑞来春堂	2012 年第四届 "照明周刊杯" 照明应用设计大奖
前线共和广告	2012 年第十五届中国室内设计大奖赛金奖
前线共和广告	2012 年第九届中国室内设计双年展金奖
阳光理想城	2012 年第九届中国室内设计双年展金奖
福州情·聚春园	2012 年第九届中国室内设计双年展银奖
映·像	2012 年第二十届亚太室内设计大奖赛铜奖
名城港湾 157#103	2012 年第三届中国国际空间环境艺术设计大赛（筑巢奖）优秀奖
一信（福建）投资	2011 年第十四届中国室内设计大奖赛金奖
福建科大永和医疗机构	2011 年中国最成功设计大奖最成功设计奖
素丽娅泰 SPA	2010 年第八届中国室内设计双年展金奖
摩卡小镇售楼中心	2010 年第八届中国室内设计双年展银奖
素丽娅泰 SPA	2010 年亚太室内设计双年展大奖赛商业空间设计奖
繁都魅影	2010 年亚太室内设计双年展大奖赛住宅空间设计奖
繁都魅影	2010 年亚洲室内设计大奖赛铜奖
中央美苑	2010 海峡两岸室内设计大奖赛金奖
繁都魅影	2010 海峡两岸室内设计大奖赛金奖
光.盒中盒	2010 海峡两岸室内设计大奖赛金奖
皇帝洞书院	2009 年 "尚高杯" 中国室内设计大奖赛二等奖
北湖皇帝洞景区会所	2008 年第七届中国室内设计双年展金奖
点房财富中心	2007 年 "华耐杯" 中国室内设计大奖赛二等奖
大家会馆（实例）	2006 年第六届中国室内设计双年展金奖
书香大第销售中心	2006 年第六届中国室内设计双年展金奖
厦门奥林匹亚中心	2004 年第五届中国室内设计大奖赛铜奖
	另 131 项设计作品荣获福建省室内设计大奖赛一等奖、金奖

获奖设计作品

融信澜郡	2017 第八届中国国际空间环境艺术设计大赛（筑巢奖）优秀奖
仕林东湖	2016 第十一届中国国际室内设计双年展银奖
融信大卫城—禅韵	2016 福建省室内设计大奖赛居室空间类金奖
风尚	2015 年度国际空间设计大奖·艾特奖 最佳公寓设计入围奖
名城港湾	2014 年第五届中国国际空间环境艺术设计大赛（筑巢奖）优秀创意奖
融侨外滩	2014 年第五届中国国际空间环境艺术设计大赛（筑巢奖）优秀创意奖
鳌峰洲小区—19A	2013 年第四届中国国际空间环境艺术设计大赛（筑巢奖）优秀奖
阳光理想城	2012 年第九届中国国际室内设计双年展金奖
繁都魅影	2010 年亚洲室内设计大奖赛铜奖
福建工程学院建筑系新馆	2009 年中国室内空间环境艺术设计大赛一等奖
福建工程学院建筑系新馆	2009 年福建室内与环境设计大奖赛公建工程类高奖
文化主题酒店	2008 年福建省第六届室内与环境设计大赛一等
点房财富中心	2007 年 "华耐杯" 中国室内设计大奖赛二等奖
大家会馆（实例）	2006 年第六届中国室内设计双年展金奖
金钻世家某单元房	2006 年第六届中国室内设计双年展银奖
	另出版《建筑外观细部图典》、《室内设计图像模等著作数十种

国广一叶装饰机构系"全国最具影响力室内设计机构"（中国建筑学会室内设计分会颁发）、2019年第二十二届CIID中国室内设计大奖赛"最佳设计企业"（中国室内设计大奖赛组委会颁发）、2018年度中国十大杰出建筑装饰设计机构（中国建筑装饰协会、中国国际空间设计大赛组委会颁发）、2018年度中国最佳设计机构（中国建筑装饰协会颁发）、2017年第二十届中国室内设计大奖赛"最佳设计企业"（中国建筑学会室内设计分会颁发）、"2016年度中国建筑装饰杰出住宅空间设计机构"（中国建筑装饰协会颁发）、"2015年度中国建筑装饰设计机构50强企业"（中国建筑装饰协会颁发）、"2013住宅装饰装修行业最佳设计机构"（中国建筑装饰协会颁发）、2013年度全国住宅装饰装修行业百强企业（中国建筑装饰协会颁发）、"2012~2013年度全国室内装饰优秀设计机构"（中国室内装饰协会颁发）、"2012中国十大品牌酒店设计机构"（中外酒店论证颁发）、"2013中国住宅装饰装修行业最佳设计机构"（中国建筑装饰协会颁发）、"1989~2009年全国十大室内设计企业"（中国建筑协会室内设计分会颁发）、"1988~2008年中国室内设计最佳设计机构"（中国室内装饰协会颁发）、"1997~2007中国十大家装企业"（中国建筑装饰协会颁发）、"福建省建筑装饰装修行业龙头企业"（福建省人民政府闽政文〔2014〕26号颁发），"福建省建筑装饰行业协会会长单位"，荣获国际、国家及省市级设计大奖数千项。

国广一叶装饰机构首席设计师叶斌荣获"中国室内设计杰出成就奖"、两次荣获"中国十大室内设计师"称号；叶猛被评为"1989~2009年中国优秀设计师""福建十大杰出（住宅空间）设计师"；另还有51名设计师被评为中国装饰设计行业优秀设计师，146名设计师分别被评为福建省优秀设计师、福州市优秀设计师，135名在职设计师分别荣获历届全国、福建省、福州市室内设计一等奖……

以上荣誉的获得来自国广一叶装饰机构24年的设计从业经验，国广一叶装饰机构拥有超300人的优秀设计师团队，设计师们通过效果图将设计创意淋漓尽致地表现出来。

自2004年至今，国广一叶装饰机构在福建科学技术出版社已陆续出版了21套共62本模型系列图书，一直受到广大读者的支持与厚爱。为了不辜负期望，我们继续推出《2020室内设计模型集成》系列图书。本系列图书汇集了国广一叶装饰机构2019年制作的1100多个风格各异的室内设计效果图及其对应的3ds Max场景模型文件，可作读者做室内设计时的有益参考。

本书配套光盘的内容包含各3ds Max模型和使用到的所有贴图文件。由于3ds Max软件不断升级，此批模型我们采用3ds Max2014及以上版本制作。各模型按书中效果图的顺序编排，易于查阅和调用。只有能进一步调整的模型才具有价值和生命力，本书的3ds Max模型正是真正有价值、可随时提取调整的。必须说明的是，书中收录的效果图均为原始模型经过VRay渲染和Photoshop后期处理过的成图，为读者了解后期处理效果提供直观准确的参考，与3ds Max直接渲染的效果有一定区别。

著 者
2020年1月

As a well-known decoration company, Guoguangyiye Decoration Group have acquired thousands of international, national and provincial design awards, such as the "Best Design Enterprise" of the 22nd CIID China Interior Design Awards in 2019 (Issued by the Organizing Committee of China Interior Design Awards), the Top 10 Outstanding Architectural Decoration Design Institutions of China in 2018 (Issued by China Building Decoration Association and China International Space Design Competition Organizing Committee), the Best Design Agency of China in 2018 (Issued by China Building Decoration Association), the"Best Design Enterprise" at the 20th China Interior Design Awards in 2017 (Issued by the Interior Design Branch of the Chinese Architectural Association), the Chinese style Outstanding Residential Space Design Institution of Architectural Decoration in 2016 (Issued by China Architectural Decoration Association), the Top 50 Chinese Architectural Decoration Design Institutions in 2015 (Issued by China Architectural Decoration Association), the Best Design Agency of Residential Decoration Industry in 2013 (Issued by China Building Decoration Association) the Top 100 Enterprises of Chinese Residential Decoration Industry in 2013 (Issued by China Building Decoration Association), the National Excellent Interior Decoration Design Agency from 2012 to 2013 (Issued by China Interior Decoration Association), the Top Ten Brand Hotel Design Institutions of China in 2012 (Issued by Chinese and foreign hotels), the best design agency for residential decoration industry of China in 2013 (Issued by China Building Decoration Association), the Top 10 Interior Design Enterprises of China from 1989 to 2009 (Issued by the Interior Design Branch of China Construction Association), the Top 10 Design Institutions of Chinese Interior Design from 1988 to 2008 (Issued by China Interior Decoration Association), the Top 10 Decoration Enterprises of China from 1997 to 2007 (Issued by China Building Decoration Association), the leading Enterprise in Fujian's Building Decoration Industry "(Issued by Fujian Provincial People's Government Min Zhengwen [2014] No. 26), "Fujian Building Decoration Industry Association Chairman Unit", it has acquired thousands of international, national, provincial and municipal design awards.

In Guoguangyiye Decoration Group, 51 architects have be granted as Excellent designer in China's decorative design industry, and 146 architects have awarded as Excellent Architect of Fujian province/Fuzhou, 135 architects have won top prize of national, Fujian provincial or Fuzhou.The chief architect Mr. Bin Ye has wined the award of Distinguished Achievement Award of Chinese Interior Design, and awarded twice China Top 10 Interior Design Architect. Mr. Meng Ye was awarded Outstanding Architect of China (1989~2009).

The achievement of the above honors is related to the 24 years of design industry experience of Guoguang Yiye Decoration Agency. Guoguangyiye Decoration Group has a team of over 300 outstanding designers who can show their outstanding design ideas completely through the renderings.

Since 2004, Guoguangyiye has published twenty-one series of books on design model database with Fujian Science and Technology Press and 62 series of model books which obtain readers' incredible support and affection. In order to live up to the expectations of the readers, we will continue to publish the series of books, 《2020 Interior Design Model Library》. This new series consists of over 1100 chic 3ds Max scenario models of various style interior design renderings created by Guoguangyiye Decoration Group in 2019. Being a model library, they could also be used as beneficial references for interior design.

The enclosed DVD contains original 3ds Max models of decoration effect drawings and all the map files used in order to create them. Due to the continuous upgrading of 3ds Max software, 2014 or abvoe 2014 version were adopted in the drawing of these models which are arranged in the order of the pictures to make them easily lookup and call. Since as only models that can be further adjusted are valuable, the 3ds Max moulds provided are all of true value and readily available. It should be noted that, all the effect drawings in the books are pictures rendered by VRay and dealt with by Photoshop, to give an intuitive and precise reference for readers on the after effects which are different from those rendered directly by 3ds Max.

Author
Jan 2020

目录
CONTENTS

办公空间 ▼ OFFICE SPACE

茶水间 / 002
Water Bar Area

前台 / 003
Reception

总经理办公室 / 005
General Manager's Office

会议室 / 006
Meeting Room

办公室 / 007
Office

会议室 / 008
Meeting Room

营业厅 / 009
Business Hall

会议室 / 011
Meeting Room

休息区 / 012
Rest Area

水吧 / 013
Water Bar Area

办公区 / 017
Office Area

总经理办公室 / 016
General Manager's Office

过道 / 018
Aisle

会议厅 / 019
Conference Hall

总经理办公室 / 020
General Manager's Office

接待厅 / 023
Reception Hall

接待厅 / 024
eption Hall

接待厅 / 025
Reception Hall

办公区 / 030

办公区
Office Area / 030

营业厅 / 032
Business Hall

服务区 / 034
Service Area

多媒体室 / 033
Multimedia Room

执 法 监 督

大厅
Hall / 035

休闲区
Recreation Area / 038

大厅
Hall / 039

会议室 / 040
Meeting Room

餐厅 / 041
Restaurant

入口 / 045
Entrance

大厅 / 047
Hall

休息区 / 048
Rest Area

电梯厅 / 050
Elevator Room

休息区 / 049
Rest Area

卫生间 / 051
Toilet

休息区 / 053
Rest Area

总经理办公室 / 052
General Manager's Office

光大永明人寿
Sun Life Everbright Life

前台 / 054
Reception

接待区 / 055
Reception Area

多功能室 / 056
Multifunctional Room

接待室 / 057
Reception Room

办公区 / 058
Office Area

会议室
Meeting Room / 059

多功能会议室
Multimedia Conference Room / 060

董事长办公室 / 063
Chairman's Office

大厅 / 066
Hall

前台 / 067
Reception

副总办公室 / 068
Deputy General Office

董事长办公室 / 069
Chairman's Office

会议室 / 070
Meeting Room

接待区 / 071
Reception Area

报告厅 / 072
Lecture Hall

入口 / 075
Entrance

前广场 / 077
Front Square

会议室 / 076
Meeting Room

入口 / 078
Entrance

门厅 / 079
Hall

会议室 / 080
Meeting Room

会议室 / 081
Meeting Room

餐厅 / 082
Restaurant

总经理办公室 / 083
General Manager's Office

会议室 / 084
Meeting Room

总裁办公室 / 085
Office of the President

前台 / 086
Reception

大厅
Hall / 087

办公室
Office / 088

会议室
Meeting Room / 089

学校空间　　　　　SCHOOL SPACE

学习空间 / 091
Learning Space

教室 / 093
Classroom

接待厅 / 095
Reception Hall

教室 / 094
Classroom

JIN ZONG LV YOU ER YUAN
金棕榈幼儿园

庭院
Courtyard / 098

教室 / 097
Classroom

儿童活动区 / 099
Children's Play Area

大厅 / 100
Hall

木工坊
Carpentry Workshop / 101

书吧
Bookstore / 102

自助服务区 /111
Self-help Area

女卫
Female Toilet / 112

男卫
Male Toilet / 113

干区
Dry Area / 114

酒店会所空间 ▼ HOTEL AND CLUB SPACE

休息区 /115
Rest Area

休息区 /116
Rest Area

咖啡厅 / 117
Cafe

理发、足浴室 / 118
Haircut and Foot Bath Room

休息区 / 120
Rest Area

屋顶花园 / 122
Roof Garden

大厅 / 123
Hall

休息区 / 124
Rest Area

大厅
Hall / 126

走廊
Corridor / 127

大厅
Hall / 125

走廊 / 128
Corridor

茶室 / 129
Tea Room

入口 /130
Entrance

大堂 /131
Lobby

包厢 / 136
VIP Room

包厢 / 137
VIP Room

餐厅 / 138
Restaurant

休闲区 / 139
Recreation Area

过道 / 141
Aisle

电梯厅 / 143
Elevator Room

麻将房 / 142
ahjong Room

男卫 / 144
Male Toilet

足浴房 / 145
Foot Bath Room

餐厅 / 147
Restaurant

大厅 / 146
Hall

大厅
Hall / 148

休息区
Recreation Area / 149

大厅 / 150
Hall

玄关 / 151
Vestibule

楼梯
Stairs / 152

茶室
Tea Room / 153

茶室 / 154
Tea Room

餐厅 / 155
Restaurant

书房
Study Room / 156

TROTTER

餐厅 /159
Restaurant

接待厅 /160
Reception Hall

商业空间　　COMMERCIAL SPACE

展厅
Showroom / 162

展厅 / 161
Showroom

入口 / 165
Entrance

公众教育区

贵宾室 / 167
VIP Room

接待区 / 168
Reception Area

入口 / 169
Entrance

入口 / 171
Entrance

营业厅 / 170
Business Hall

营业厅 / 172
Business Hall

营业厅 / 173
Business Hall

门厅 / 174
Hall

展区 / 175
Exhibition Area

工作室 / 176
Studio

营业厅 / 178
Business Hall

入口 / 179
Entrance

营业厅 / 180
Business Hall

营业厅 / 181
Business Hall

理财区 / 183
Financial District

理财室 / 184
Financial management room

营业厅 /186
Business Hall

自助服务区 /185
Self-service Area

营业厅 /187
Business Hall

理财区 / 188
Financial District

理财室 / 189
Financial management room

大厅
Hall / 190

休息区
Rest Area / 191

营业厅
Business Hall /192

营业厅
Business Hall /193

接待室 / 194
Reception Room

接待区 / 195
eption Area

大厅 / 196
Hall

营业厅 / 197
Business Hall

现金服务区
Cash Service

电子银行
E-Busing

贵宾区　宣传区

1　2

综合业务

营业厅 / 203
Business Hall

兴业银行欢迎您

兴业银行欢迎您

贵宾区　宣传区

1　2

引导区

营业厅 / 205
Business Hall

营业厅
Business Hall / 206

营业厅
Business Hall / 207

接待区
Reception Area / 209

营业厅
Business Hall / 208

接待室 / 210
Reception Room

商店 / 211
Shop

入口 / 212
Entrance

展厅 / 215
Showroom

门厅 / 216
Hall

休闲区 / 217
Recreation Area

展厅 / 218
Showroom

大堂 / 219
Lobby

营业厅 / 220
Business Hall

营业厅 / 222
Business Hall

营业厅 / 223
Business Hall

商店
Shop / 224

化妆间
Powder Room / 226

工作室
Studio / 227

工作室
Studio / 229

理发区 / 231
Hairdressing Area

健身房
Gym

房产空间 ▽ REAL ESTATE SPACE

前台 / 23
Reception

水吧区 / 238
Water Bar Area

沙盘区 / 237
Sand Table Area

贵宾室
VIP Room

沙盘区
Sand Table Area / 240

入口
Entrance / 242

沙盘区 / **244**
Sand Table Area

沙盘区 / **243**
Sand Table Area

干区
Dry Area / 246

沙盘区 / 247
Sand Table Area

洽谈区 / 248
Chat Area

休息区 / 251
Rest Area

洽谈区 / 252
Chat Area

过道
Aisle / **253**

洽谈区
Chat Area / **255**

洽谈区
Chat Area / 256

沙盘区
Sand Table Area / 257

沙盘区 / 258
Sand Table Area

洽谈区 / 259
Chat Area

图书在版编目（CIP）数据

2020室内设计模型集成.公共空间/叶斌，叶猛著.—福州：福建科学技术出版社，2020.3
ISBN 978-7-5335-6087-4

Ⅰ.①2… Ⅱ.①叶… ②叶… Ⅲ.①公共建筑－室内装饰设计－图集 Ⅳ.①TU238.2-64

中国版本图书馆CIP数据核字（2020）第013798号

书　　名　2020室内设计模型集成　公共空间
著　　者　叶斌　叶猛
出版发行　福建科学技术出版社
社　　址　福州市东水路76号（邮编350001）
网　　址　www.fjstp.com
经　　销　福建新华发行（集团）有限责任公司
印　　刷　恒美印务（广州）有限公司
开　　本　635毫米 ×965毫米 1/8
印　　张　22
图　　文　176码
版　　次　2020年3月第1版
印　　次　2020年3月第1次印刷
书　　号　ISBN 978-7-5335-6087-4
定　　价　358.00元

书中如有印装质量问题，可直接向本社调换